ABHANDLUNGEN DER DEUTSCHEN AKADEMIE
DER WISSENSCHAFTEN ZU BERLIN

Klasse für Mathematik, Physik und Technik
Jahrgang 1956, Nr. 4

GOTTFRIED TRÄNKNER

BEDEUTUNG UND ENTWICKLUNG DER VERARBEITUNGSMASCHINEN

Mitteilungen der Sektion für Maschinenbau

1957

AKADEMIE-VERLAG · BERLIN

Vorgelegt von Hrn. A. Jante in der Gesamtsitzung vom 6. September 1956
Zum Druck genehmigt am gleichen Tage, ausgegeben am 31. 5. 57

Erschienen im Akademie-Verlag GmbH., Berlin W 8, Mohrenstraße 39
Lizenz-Nr. 202 · 100/145/57
Satz und Druck: Druckhaus „Maxim Gorki", Altenburg
Bestell- und Verlagsnummer: 2001/56/I/4
Preis: DM 3,20
Printed in Germany

Wesen der Verarbeitungsmaschinen

Ein Versuch, die verwirrende Vielfalt der Maschinentechnik zu ordnen durch Bildung von Gruppen mit gemeinsamen Merkmalen, führt zurück auf die Zweckbestimmung der Maschine: sie hilft die von der Natur gebotenen Stoff- und Energiemengen aufbereiten und umformen in Bedarfsgüter für den Menschen.

Dementsprechend ergeben sich 2 Hauptgruppen:

Maschinen zur Umformung des Stoffes,
Maschinen zur Umformung der Energie.

Die Wege, die von den natürlichen Quellen bis zum fertigen Erzeugnis zu durchlaufen sind, veranschaulicht Abb. 1. Die Energie wird teils unmittelbar (Wasser, Wind, Sonne), teils nach Erschließung und Aufbereitung (Kohle, Erdöl, Atomenergie) umgewandelt in technisch verwertbare Form (thermische, mechanische, elektrische Energie) und fließt dann als solche direkt zu den Verbrauchern, z. B. als Wärme und Licht oder dient als mechanische Energie zum Antrieb der Maschinen zur Stoffumformung. Der Stoff wird mittels Maschinen gewonnen, aufbereitet, transportiert (Bergbau-, Land-, Fördertechnik) und in *Verarbeitungsmaschinen* zu Gebrauchsgütern umgeformt. Ein Teil des Stoffes und der Energie dient zur Herstellung von Produktionsmitteln mit Hilfe von Werkzeugmaschinen. Die Grenzen zwischen den einzelnen Maschinengattungen können nicht immer scharf gezogen werden, z. B. gehen bei manchen Produktionsprozessen Aufbereitung und Verarbeitung ineinander über.

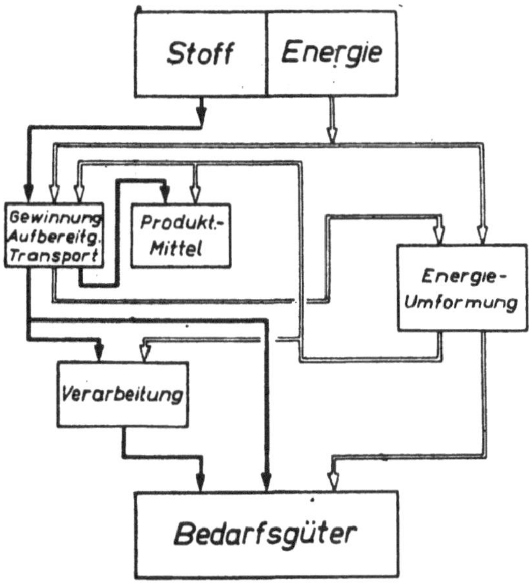

Abb. 1. Bedarfsgütererzeugung

Der unbegrenzten Vielseitigkeit des menschlichen Bedarfs entsprechend umfaßt das Gebiet der Verarbeitungsmaschinen eine kaum übersehbare, unendlich vielgestaltige Menge von Spezialmaschinen, die zur Mechanisierung der Handarbeit eingesetzt werden. Ihre Zahl nimmt mit den wachsenden Bedürfnissen ständig zu. Eine Orientierung nach den von den Maschinen gelieferten Produkten erscheint daher unmöglich. Allein die Vielfalt der zur

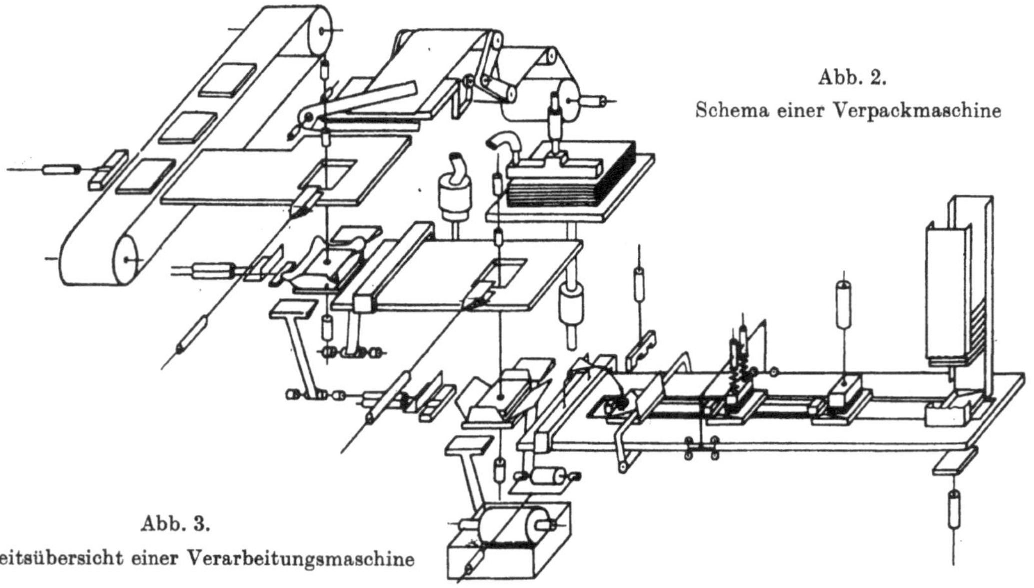

Abb. 2.
Schema einer Verpackmaschine

Abb. 3.
Arbeitsübersicht einer Verarbeitungsmaschine

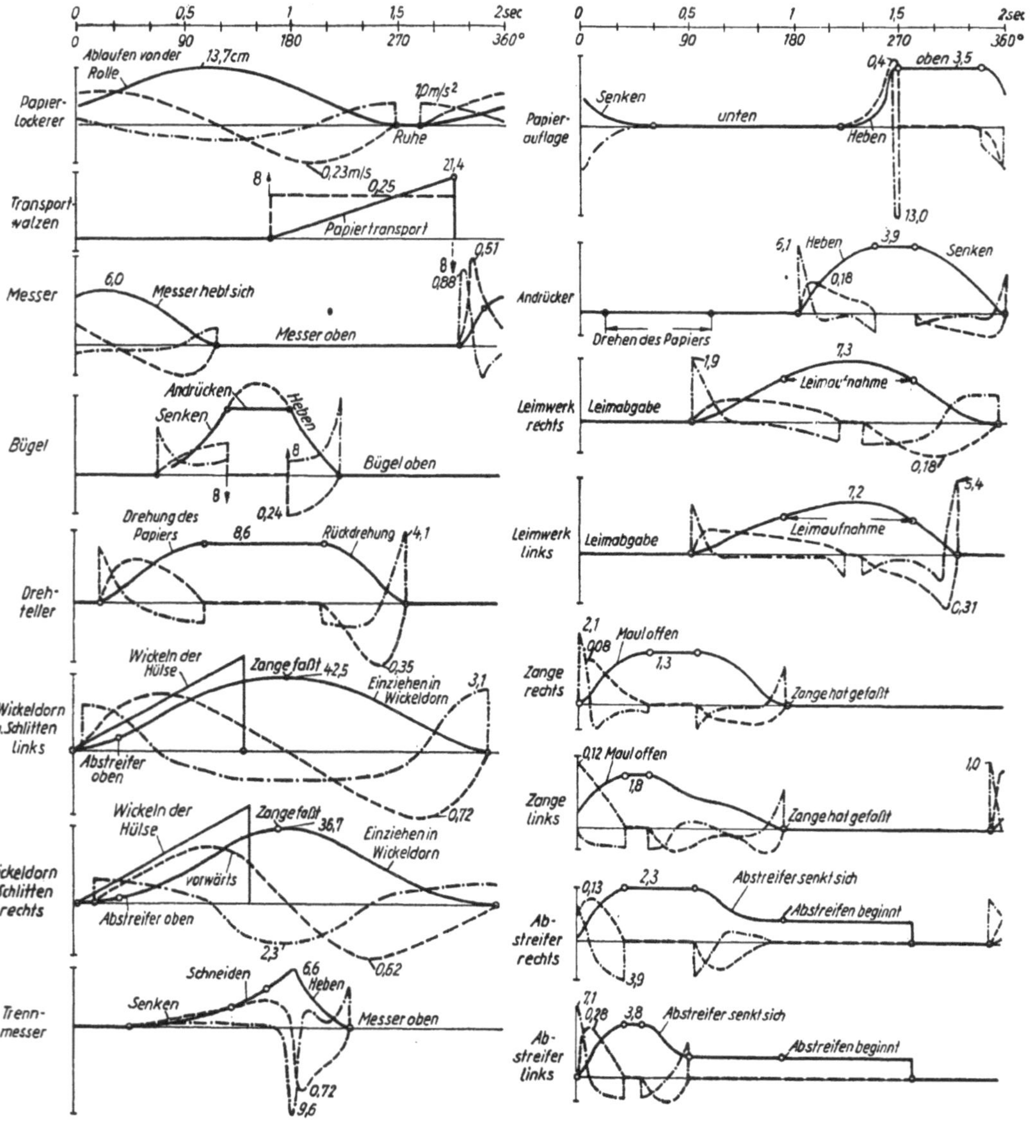

Sicherung der menschlichen Ernährung dienenden Erzeugnisse, von denen jedes einzelne vom Rohstoff bis zum Endprodukt eine meistens lange Kette von Verarbeitungsmaschinen durchlaufen muß, deutet den Umfang nur eines Teiles dieses Maschinengebietes an. Weitere Teilgebiete ergeben sich aus der Erzeugung der Güter des Bedarfs an Kleidung, Wohnung und Kultur.

Die für die Bedarfsgüterherstellung eingesetzten Verarbeitungsmaschinen, z. B. die Nahrungsmittel-, Textil-, Glas-, Keramik-, Papier-, Papierverarbeitungs-, Verpack-, Druckerei-, Buchherstellungsmaschinen, sind entstanden aus der ursprünglichen Aufgabe, Muskelarbeit zu mechanisieren. Dementsprechend verrichtet eine Verarbeitungsmaschine eine Vielzahl von Arbeitsgängen neben- oder nacheinander, indem sie Bewegungen und Kräfte in gegenseitiger zeitlicher Abhängigkeit mit Hilfe von Getrieben umformt. Dabei ist unter Getriebe jeder Mechanismus zu verstehen, der dieser Umformung dient. Die Bewegungen können dabei periodisch oder gleichförmig verlaufen, so daß periodisch oder gleichförmig übersetzende Getriebe angewendet werden, die wiederum auf mechanischem, hydraulischem, pneumatischem oder elektrischem Wege wirken können. Die technische Entwicklung geht von der der Muskelarbeit entsprechenden periodischen Arbeitsbewegung zum stetigen Arbeitsfluß. Während jedoch die energieumformende Kolbenmaschine schon weitgehend von der Turbine verdrängt wurde, ist die Stoffumformung zum überwiegenden Teile heute noch auf die überlieferte periodische Arbeitsweise angewiesen, wie sie z. B. durch die schematische Darstellung einer Verpackmaschine (Abb. 2) oder die Analyse eines Automaten zum Wickeln von Textilhülsen (Abb. 3) veranschaulicht wird.

Stand der Entwicklung

Die auf allen Gebieten menschlichen Schaffens heute rasch fortschreitende Mechanisierung der Handarbeit konnte erst einsetzen, nachdem es gelungen war, die in der Natur gebunden vorliegenden Energieformen in mechanische Energie zum Antrieb der Arbeitsmaschinen zu verwandeln. Es ist daher verständlich, daß die Energieumformung und der Bau der dazu erforderlichen Maschinen lange Zeit als Hauptaufgabe des Maschineningenieurs betrachtet wurde. Der Bau von Kraftmaschinen, die man ihrer Bestimmung entsprechend besser *Energiemaschinen* nennt, wurde infolgedessen zur Grundlage des Maschinenbaues schlechthin. Durch die von ihm gestellten Aufgaben gewannen abstrakte Wissenschaften technische Bedeutung; Mechanik, Festigkeitslehre, Thermodynamik, Strömungslehre u. a. Disziplinen wurden angeregt, ihre Erkenntnisse ständig zu vertiefen. Die Maschinenelemente erhielten ihre Gestalt nach den Erfordernissen des Kraftmaschinenbaues. Mit Recht bezeichnet man ihn daher als den *klassischen Maschinenbau*, der noch heute als Fundament für die Ausbildung der Maschineningenieure aller Fachrichtungen gilt.

Demgegenüber ist die naturgemäß später einsetzende Entwicklung der Arbeitsmaschinen, besonders der noch jüngeren *Verarbeitungsmaschinen* erheblich zurückgeblieben. Diese entstanden zunächst in handwerklicher Fertigung als Hilfsmittel für den schaffenden Menschen, indem manuelle Verrichtungen durch sinnreiche Mechanismen nachgeahmt wurden. Aus den praktischen Bedürfnissen wuchs ein neuer Zweig der Maschinentechnik heran, auf dem sich ein vielfältiges Spezialistentum meist ohne jede Konkurrenz tummeln konnte. Die neuen Maschinen hatten, verglichen mit der bisherigen menschlichen Leistung, eine verblüffende Wirkung, und nach dem Verhältnis von Nutzen zu Aufwand wurde nicht gefragt, weil objektive Maßstäbe fehlten. Unbeachtet von der Wissenschaft, losgelöst von Erkenntnissen auf anderen Gebieten, werden noch heute Verarbeitungsmaschinen nicht konstruiert, sondern gebastelt. Sie stehen infolgedessen auf einem Niveau, das dem bis ins Letzte erforschten Energiemaschinenbau in keiner Weise entspricht. Die Richtigkeit dieser Einschätzung wird durch

Zuschriften der in den Betrieben für den technischen Fortschritt Verantwortlichen bestätigt, und auf dem 20. Parteitag der KPdSU stellt A. N. Kossygin fest: „Der Maschinenbau beginnt nur schleppend mit der Produktion hochmoderner Ausrüstungen für die Leicht- und die Nahrungsmittelindustrie. Das ist auf den unbefriedigenden Stand der Forschungs- und Konstruktionsarbeiten auf dem Gebiet des Maschinenbaues zurückzuführen.“

Da sind zunächst die Arbeitsverfahren selbst. Der Konstrukteur ist leicht geneigt, von der der Muskelarbeit genehmen Arbeitsweise auszugehen; er verzichtet damit von vornherein auf die vielfältigen Möglichkeiten, die ihm die technischen Mechanismen bieten. Er übersieht als Spezialist nur ein engbegrenztes Gebiet und vermag daher nicht, technologische Erkenntnisse von einem Fach ins andere zu übertragen. Es fehlt eine auf wissenschaftlichen Grundlagen bauende allgemeine Verfahrenstechnik, die Richtlinien zeigt für die optimale Führung der Arbeitsprozesse; es fehlen zuverlässige Unterlagen über die Größe der bei einzelnen Operationen auftretenden Kräfte und Momente, über ihren zeitlichen Verlauf, über die erforderliche Antriebsenergie, über den Einfluß von Schwingungen. Wohl hat sich bei jedem einzelnen der zahlreichen Spezialisten ein reicher Schatz von Erfahrungen angehäuft; er wird sorgsam gehütet und vererbt sich bestenfalls im Betrieb, wird jedoch nicht zum technischen Allgemeingut. Es fehlt eine systematische Forschung, die sichere, experimentell begründete Werte für beanspruchungsgerechte Maschinenkonstruktionen liefert und damit der Forderung nach *Wirtschaftlichkeit* und *Leichtbau* gerecht wird.

Ein weiterer Grund für die Unvollkommenheit der heutigen Verarbeitungsmaschinen liegt in der Aufgabe, die von den Energiemaschinen stetig gelieferte Antriebsenergie in periodisch verlaufende Bewegungen und Kräfte zu verwandeln, eine Aufgabe, die von dem in der Kinematik und Dynamik nicht geübten Konstrukteur nur mangelhaft gelöst werden kann. Es ist eines der Verdienste von Hermann Alt, diese Situation erkannt und mit der Getriebelehre dem Verarbeitungsmaschinenbau eine wissenschaftliche Grundlage gegeben zu haben. Die *Getriebewissenschaft* hat sich, zumal in Deutschland, in den letzten Jahrzehnten auf einen außerordentlichen hohen Stand erhoben. Sie vermochte jedoch nicht, die gewonnenen Erkenntnisse in nennenswertem Umfange der praktischen Nutzanwendung zuzuführen, mit anderen Worten, der Konstrukteur weiß mit den bereitgestellten Verfahren nichts Rechtes anzufangen; der Getriebelehre ist die *Getriebetechnik* noch nicht gefolgt. Der Grund hierfür liegt z. T. in der Materie selbst; die unendlich vielseitige Verarbeitungstechnik stellt den Konstrukteur vor ständig neue Aufgaben, deren Lösung eine Kombination aller zur Verfügung stehenden technischen Mittel verlangt. Hierfür sind jedoch die Methoden der geometrischen Getriebesynthese im allgemeinen viel zu schwerfällig, so daß man mit den herkömmlichen Probierverfahren meist rascher zum Ziele gelangt. Erst in jüngster Zeit ging man auf Drängen der Praxis dazu über, einfache, übersichtliche Hilfsmittel für die Synthese von Mechanismen in Form von Rechen- und Kurventafeln zu schaffen, wobei die sogenannte „Dresdener Schule“ beispielgebend ist. Zum anderen wurde beim Aufbau der wissenschaftlich reizvollen Methoden der Getriebesynthese der kinematische Teil der Aufgabe, der Reuleauxschen Maschinendefinition entsprechend, so stark bevorzugt, daß die Behandlung der schwierigeren dynamischen Probleme zu kurz kam. Die demgemäß mangelhaft konstruierten Getriebe bringen im allgemeinen nicht den erwarteten Erfolg, denn die periodisch bewegten Getriebeglieder und ihre Gelenke sind massebehaftet, rufen meist unerwünschte Schwingungen hervor, die den Arbeitsablauf beeinflussen, und verformen sich infolge ihrer Elastizität unter dem Einfluß der ständig wechselnden Kräfte.

Es zeigt sich also, daß die Verarbeitungsmaschinen nicht auf wissenschaftlicher Basis konstruiert werden; sie konnten infolgedessen den hohen Stand des Energiemaschinenbaues nicht erreichen. Die für eine Höherentwicklung erforderlichen soliden Grundlagen sind entweder überhaupt noch nicht erarbeitet worden, oder sie können als spezielle Erfahrungen nicht allgemein genutzt werden. Dieses negative Ergebnis beruht auf der Tatsache, daß die führenden Stellen der einschlägigen Konstruktionsbüros fast ausschließlich mit Kräften besetzt sind, die keine oder keine ausreichende wissenschaftliche Ausbildung erhalten haben. In den meisten Industriezweigen dieser Art ist überhaupt kein Ingenieur mit abgeschlossener Hochschulbildung tätig, und erst allmählich findet man sich bereit, für unlösbar erscheinende Aufgaben wissenschaftliche Mitarbeiter heranzuziehen. Schuld an der Abneigung gegen wissenschaftliche Erkenntnisse trägt allein die noch immer einseitig nach dem „klassischen Maschinenbau" orientierte Ausbildung an den Hochschulen, wie sie eingangs dargestellt wurde. Sie veranlaßte einst den Unternehmer, bestenfalls einen Fachschulingenieur zu engagieren, der „zwar auch nichts kann und weiß, aber billiger als ein Diplomingenieur arbeitet".

Die gegebene Einschätzung entspricht etwa dem Stand der Technik auf dem Sektor der Verarbeitungsmaschinen, d. h. sie stellt summarisch die Verhältnisse in den Industrieländern dar. Dabei ist hinsichtlich der Tiefe der wissenschaftlichen Durchdringung keine Einheitlichkeit zu verzeichnen. Es liegt nahe, daß in Deutschland die Getriebewissenschaft am weitesten entwickelt ist; es bestehen aber Anzeichen dafür, daß die UdSSR in der Nutzung der Erkenntnisse, also auf dem Wege zur Getriebetechnik, ein Stück voraus ist (siehe SCHAUMJAN, Automaten, LEWENSON, Kinematik u. Dynamik der Mechanismen). Dort sowohl als auch in den USA werden jedoch im Gegensatz zu Deutschland beträchtliche Forschungsmittel für die Verbesserung der Technologie der Verarbeitung und für die experimentelle Forschung zur Festigung der Grundlagen eingesetzt.

Wirtschaftliche Bedeutung

Das ständige Wachstum der Erdbevölkerung und ihr natürliches Streben nach einem höheren Lebensstandard führen zur Steigerung der Gütererzeugung auf allen Gebieten des menschlichen Bedarfs. Die Erhöhung der Produktion und die Verbesserung der Qualität verlangen im Einklang mit der Forderung, den Menschen von schwerer und eintöniger körperlicher Arbeit zu entlasten, eine weitgehende Mechanisierung der ursprünglich von Hand verrichteten Arbeitsvorgänge und eine Leistungssteigerung der bereits eingesetzten Produktionsmaschinen. Der physischen Entlastung soll die Ausschaltung unproduktiver Geistesarbeit folgen, indem ganze Arbeitsprozesse automatisch gelenkt und vom Menschen nur noch überwacht werden. Mechanisierung und Automatisierung sind daher dringende Forderungen unserer Zeit.

Der Automatisierung muß die *Mechanisierung* vorausgehen. Infolgedessen nimmt die Konstruktion hochleistungsfähiger *Verarbeitungsmaschinen* als Voraussetzung für eine moderne Verarbeitungstechnik eine Schlüsselstellung im Zuge einer gesteigerten Güterproduktion ein. Es besteht ein ständig wachsender Bedarf an Verarbeitungsmaschinen in der ganzen Welt, der besonders stark in den noch wenig industrialisierten Ländern zutage tritt. Deutschland war und ist an der Entwicklung aller Zweige dieses speziellen Maschinenbaues maßgebend beteiligt und der Export gerade dieser Maschinen spielt auch heute noch eine entscheidende Rolle im Wirtschaftsleben unseres Volkes. So werden etwa 2/3 der in der DDR hergestellten Verarbeitungsmaschinen an das Ausland geliefert, während der Exportanteil vergleichsweise für Energie (Kraft)-Maschinen nur etwa halb so groß ist. Besonders das dichtbesiedelte Sachsen nahm in diesem lohnintensiven Industriezweig von jeher eine führende Rolle ein, weil der immer rege Geist seiner Bewohner, ähnlich dem der Schwaben, hier ein fruchtbares Betätigungsfeld fand. Die Erzeugnisse der sächsischen Textil-, Druckerei-, Nahrungsmittel- und Verpackmaschinen-Industrie sind in aller Welt begehrt.

Künftige Entwicklung

Aus dem gekennzeichneten Stand der Technik einerseits, der wirtschaftlichen Bedeutung andererseits ergibt sich, daß der in seiner Spezialisierung technisch zurückgebliebene Verarbeitungsmaschinenbau in seiner weiteren Entwicklung planmäßig gefördert werden muß, indem er wie der klassische Maschinenbau durch wissenschaftliche Behandlung seiner Probleme auf ein höheres Niveau gehoben wird. Das ist eine Aufgabe, die in erster Linie den technischen Ausbildungsstätten zukommt, denn sie haben die Kader für die Konstruktionsbüros zu liefern. Diese sind den höheren Anforderungen, die eine weitgehende Mechanisierung stellt, nicht gewachsen, weil die meist aus der Praxis hervorgegangenen Führungskräfte, die in der bisherigen Entwicklung Hervorragendes geleistet haben, einer wissenschaftlichen Behandlung ihrer Aufgaben im allgemeinen nicht mehr aufgeschlossen gegenüberstehen.

Die wissenschaftlichen Grundlagen des Verarbeitungsmaschinenbaues lassen sich aus dem in den ersten beiden Abschnitten Gesagten ableiten. Sie ergeben sich aus der Aufgabe, Stoff zu Bedarfsgütern zu verarbeiten. Dazu sind Kenntnisse erforderlich sowohl der Arbeitsverfahren als auch der dafür einzusetzenden maschinentechnischen Mittel, oder anders ausgedrückt, Kenntnis der Technologie und Kenntnis einer speziellen Maschinentechnik. Auf beiden Gebieten muß Forschungs- und Erziehungsarbeit geleistet werden.

Was die Arbeitsverfahren anbelangt, so erscheint eine allgemeine Behandlung des Stoffes angesichts der unerschöpflichen Vielfalt der Mechanisierungsaufgaben zunächst unmöglich. Es handelt sich jedoch nur um eine Anzahl auf den verschiedensten Gebieten immer wiederkehrender Vorgänge, die durchaus übersichtlich betrachtet werden können. Da ist z. B. das Trennen zusammenhängender Stoffe, der Schneidvorgang, der bei Verarbeitungsprozessen der verschiedensten Art immer wieder auftritt. Für das Teilen teigartiger Massen bei der Nahrungsmittelverarbeitung, für das Trennen textiler Stoffe, für das Schneiden von Papierstapeln, für das Abscheren spröder und elastischer Werkstoffe lassen sich gemeinsame Merkmale finden, die den Vorgang einer gemeingültigen Berechnung zugänglich machen. Dafür müssen durch Messungen unter genau definierten Verhältnissen Unterlagen über das Verhalten der Stoffe, über die auftretenden Kräfte, Spannungen und Verformungen, über den Arbeitsaufwand, über die zweckmäßige Form der Arbeitsorgane, über deren Verschleiß usw. geschaffen werden, mit deren Hilfe es dem Konstrukteur ermöglicht wird, seine Maschinen zweckmäßig und mit geringstem materiellen Aufwand zu gestalten. Da sich die meisten Verarbeitungsvorgänge aus vielen derartigen Einzeloperationen zusammensetzen, wie Schneiden, Stanzen, Pressen, Prägen, Ziehen, Biegen, Falzen, Heften, Kleben, Stapeln, Entstapeln, Vereinzeln, Sortieren, Ausrichten, Zuführen, Abführen, Transportieren, ergibt die Erarbeitung der vielfältigen Unterlagen ein unerschöpfliches Betätigungsfeld für die experimentelle Forschung. Sie muß systematisch angesetzt und so ausgewertet werden, daß die gewonnenen Erkenntnisse von einem Gebiet ins andere übertragen werden können. Dadurch ergeben sich mitunter neue, bessere Lösungen, die bei der bisher üblichen branchenmäßigen Betrachtungsweise durch die Spezialisten nicht erfaßt werden.

Auf den so gefundenen technologischen Grundlagen kann die Konstruktion der Verarbeitungsmaschinen aufgebaut werden. Allerdings reichen dazu die für den traditionellen allgemeinen Maschinenbau genügenden Kenntnisse nicht aus, denn die für die Verarbeitungstechnik wesentliche Umformung von Bewegungen und Kräften ist nur unter Benutzung der Mittel der fortgeschrittenen Getriebewissenschaft befriedigend zu lösen. Dabei ist in die Getriebe*wissenschaft* nicht nur die Kinematik, sondern auch die bisher vernachlässigte Dynamik der Getriebe einzubeziehen, damit sich als angewandte Wissenschaft eine für den praktischen Gebrauch nützliche Getriebe*technik* entwickeln kann. Man sollte sie im Interesse der internationalen Verständigung und um die üblichen Verwechslungen auszuschließen als

Mechanismentechnik bezeichnen. Für diese Technik muß die Wissenschaft Verfahren und Hilfsmittel bereitstellen, die das Auffinden der optimalen Lösung mit einem minimalen Zeitaufwand ermöglicht. Das bedeutet eine Abkehr von der bisherigen Richtung der Getriebelehre, die sich zum Teil infolge falscher Zielsetzung allzusehr in die Synthese praktisch unbrauchbarer vielgliedriger Mechanismen verirrt und näher liegende Aufgaben, wie gezeigt, vernachlässigt hat. Ferner ist das natürliche Streben von der periodischen zur stetig fließenden Arbeitsweise zu berücksichtigen, das nach und nach zu einer Verlagerung des Schwerpunktes der Lehre führen wird.

Die Gedanken für den Aufbau einer Lehre zur Entwicklung eines rasch emporstrebenden, wirtschaftlich bedeutungsvollen Industriezweigs sind somit in großen Zügen dargelegt. Was ist zu ihrer Verwirklichung zu tun?

In Erkenntnis der Bedeutung der Getriebetechnik für die Entwicklung des Maschinenbaues wurde auf mein Betreiben im Jahre 1953 die Entwicklungsstelle Getriebetechnik des Ministeriums für Schwermaschinenbau gebildet und 1955 als Forschungsstelle Mechanismentechnik der Technischen Hochschule Dresden angegliedert. Sie hat die Aufgabe, die Verbindung zwischen der mitunter über das Ziel hinauseilenden Getriebewissenschaft und der Praxis des Konstrukteurs herzustellen. Sie bearbeitet die aus der Industrie herangetragenen Fragen, die dort mangels entsprechend ausgebildeter Kräfte nicht beantwortet werden können und greift selbst Probleme allgemeiner Art auf, die der Weiterentwicklung der Getriebetechnik dienen. Experimentelle Grundlagenforschung und vielseitige Messungen an ausgeführten Maschinen, wofür spezielle Meß- und Prüfeinrichtungen entwickelt werden, dienen der Schaffung exakter Konstruktionsunterlagen.

Einige Beispiele aus der Arbeit der Forschungsstelle Mechanismentechnik vermitteln einen Einblick in die vielseitigen Untersuchungen. Ein wichtiges Hilfsmittel für die Konstruktion stellen die Analysen ausgeführter Maschinen dar; sie geben Aufschluß über die Arbeitsweise, über etwaige Schwachstellen und über Verbesserungsmöglichkeiten. Um den außerordentlich großen Zeitaufwand für die Analysen zu verringern — sie wurden bisher von Studenten in den einschlägigen Betrieben ausgeführt —, wurde ein Bewegungsmeßgerät entwickelt, das den Bewegungsverlauf der Arbeitsorgane einer Maschine während des Betriebes aufzeichnet, wobei gleichzeitig durch zweimaliges Differenzieren Geschwindigkeit und Beschleunigung laufend ermittelt werden (Abb. 4). Für die Dimensionierung der Maschinenteile ist die Messung der Betriebskräfte in den Arbeitsorganen der Maschine unerläßlich; Abb. 5 zeigt den Verlauf der Schnittkräfte beim Durchschneiden gestapelter Folien, Abb. 6 die Einrichtung zum Messen der Kräfte beim Heften von Pappen mittels Drahtklammern, Abb. 7 die Prägekräfte beim Pressen von Kofferecken. In ähnlicher Weise wurden Kräfte und Momente in Nahrungsmittel-, Textil-, Glas-, Druck- und Verpackmaschinen gemessen. Auf einem eigens für diesen Zweck gebauten Prüfstand wurden die Kennlinien igelitierter Treibriemen aufgenommen (Abb. 8), weil die Hersteller keine Konstruktionswerte angeben konnten. Das zum Teil unbefriedigende Arbeiten der Kurvengetriebe wird eingehend untersucht; so konnten Verschleißerscheinungen an Kurvenbahnen erklärt werden als Folge des Gleitens (Abb. 9) oder des Springens (Abb. 10) der Kurvenrolle. Auf einem Kurvenscheibenprüfstand werden Dauerversuche zur Ermittlung des bestgeeigneten Kurvenwerkstoffs durchgeführt, wovon Abb. 11 ein Teilresultat wiedergibt. Den Einfluß der Massenkräfte und der Elastizität der Konstruktionswerkstoffe läßt Abb. 12 deutlich erkennen, das mit dem Bewegungsmeßgerät aufgenommen wurde und den unterschiedlichen Wegverlauf bei verschiedenen Arbeitsgeschwindigkeiten zeigt. Zur Beobachtung und Kontrolle der meist rasch verlaufenden Bewegungen der Arbeitsorgane wird mit Erfolg die Zeitlupenkamera eingesetzt. Mit ihr konnten Fehler in der Arbeitsweise der Maschinen aufgedeckt und Konstruktionsverbesserungen erzielt werden. So wurde unter anderem die Passergenauigkeit bei Druck- und bei

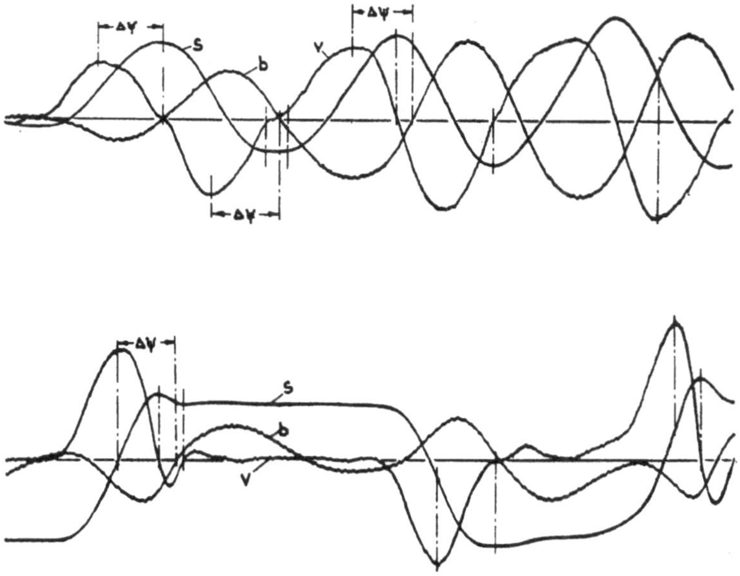

Abb. 4. Schrieb des Bewegungsmeßgerätes

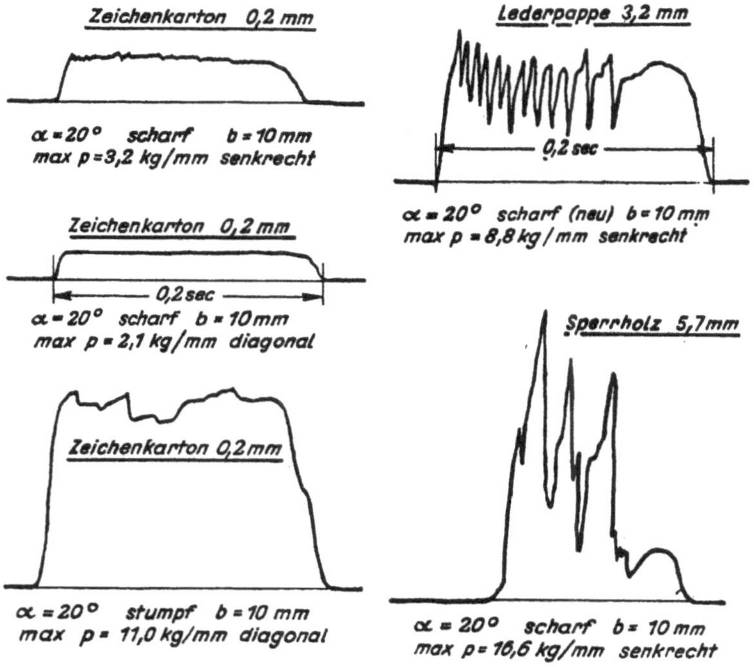

Abb. 5. Schnittkraftdiagramme

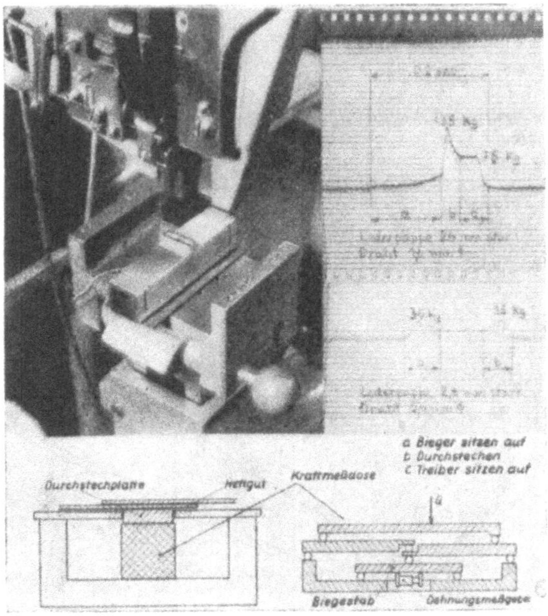

Abb. 6. Messung der Heftkraft

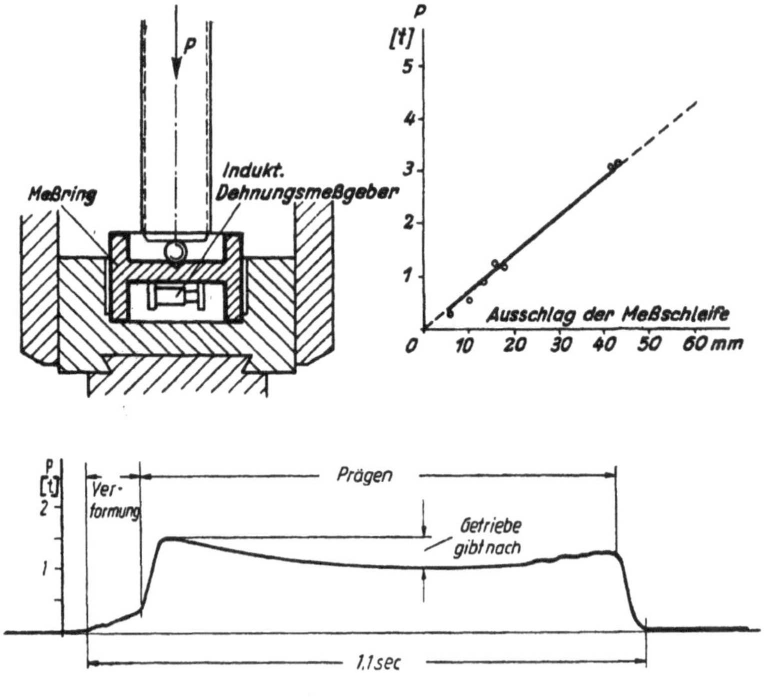

Abb. 7. Messung der Prägekraft

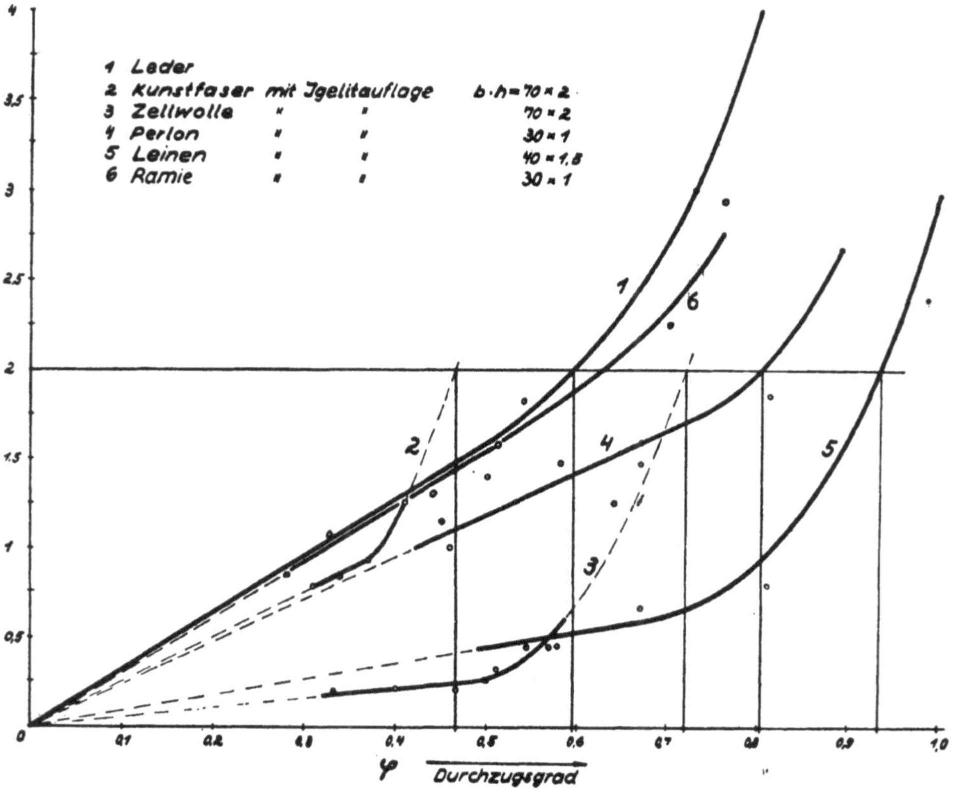

Abb. 8. Kennlinien igelitierter Flachtreibriemen

Falzmaschinen erhöht, der Web- und Wirkvorgang kontrolliert, die Nahtbildung bei Nähmaschinen beobachtet, der Tastenanschlag bei Schreibmaschinen registriert, die Beschickung von Glasmaschinen aufgenommen, der Schwingungsvorgang bei Ventilfedern analysiert.

Die Kapazität der Forschungsstelle Mechanismentechnik reicht nicht aus, die ständig wachsenden Anforderungen der Industrie auch nur annähernd zu befriedigen; der Erfolg ihrer Arbeit kann daher im Hinblick auf den Umfang des Arbeitsgebietes nur gering sein. Das konstruktive Niveau der Verarbeitungsmaschinen kann nur dadurch gehoben werden, daß die Technische Hochschule als maßgebende Bildungsstätte des Ingenieurnachwuchses beauftragt wird, sich in Forschung und Lehre der Konstruktion von Verarbeitungsmaschinen anzunehmen und damit überhaupt die Voraussetzungen für die Mechanisierung und Automatisierung auf allen Gebieten der Bedarfsgütererzeugung zu schaffen. Nur der polytechnisch ausgebildete Ingenieur vermag das in unendlich viele Spezialitäten aufgesplitterte Gebiet im Zusammenhang zu erblicken und daraus Nutzen für seine Arbeit zu ziehen. Daraus ergibt sich die konkrete Forderung, bei der Fakultät Maschinenbau der Technischen Hochschule Dresden eine *Fachrichtung und ein Institut für Verarbeitungsmaschinen* zu errichten. Diese Maßnahme bedeutet einen Schritt zur Überwindung der engen Grenzen des „klassischen" Maschinenbaues, die noch immer mancherorts die Entwicklung behindern.

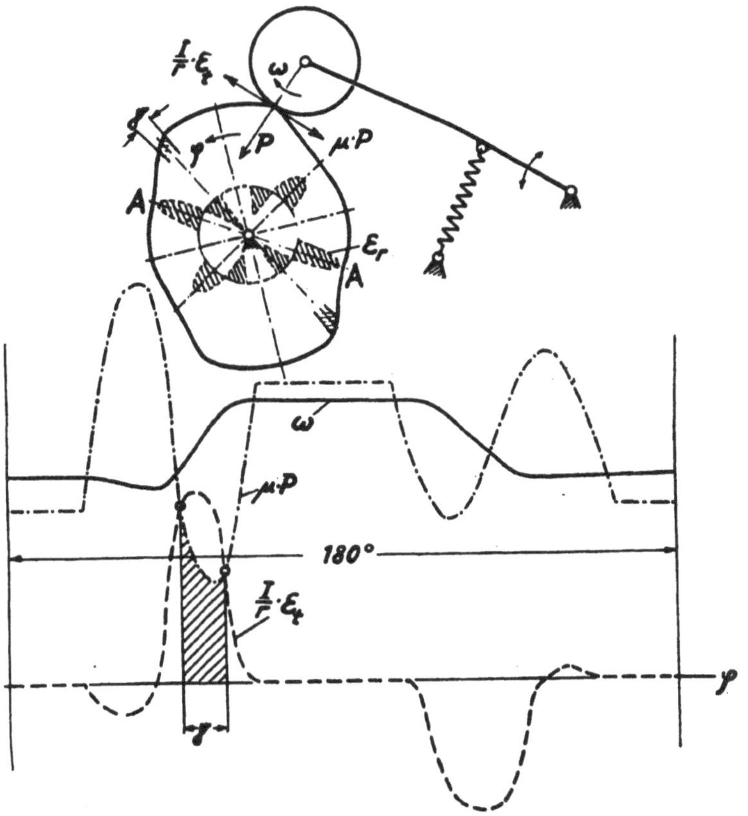

Abb. 9. Gleiten der Kurvenrolle

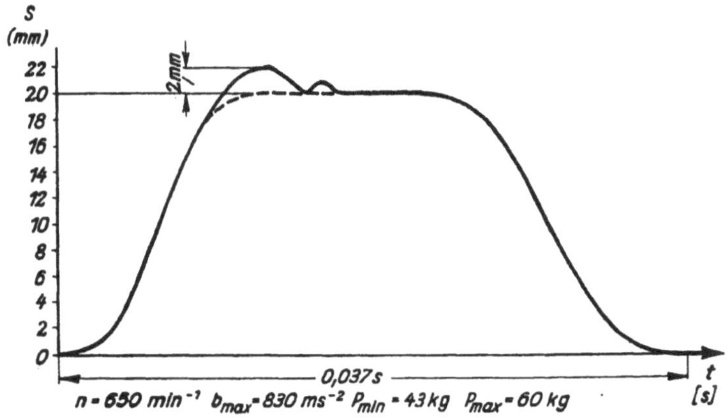

Abb. 10. Springen der Kurvenrolle

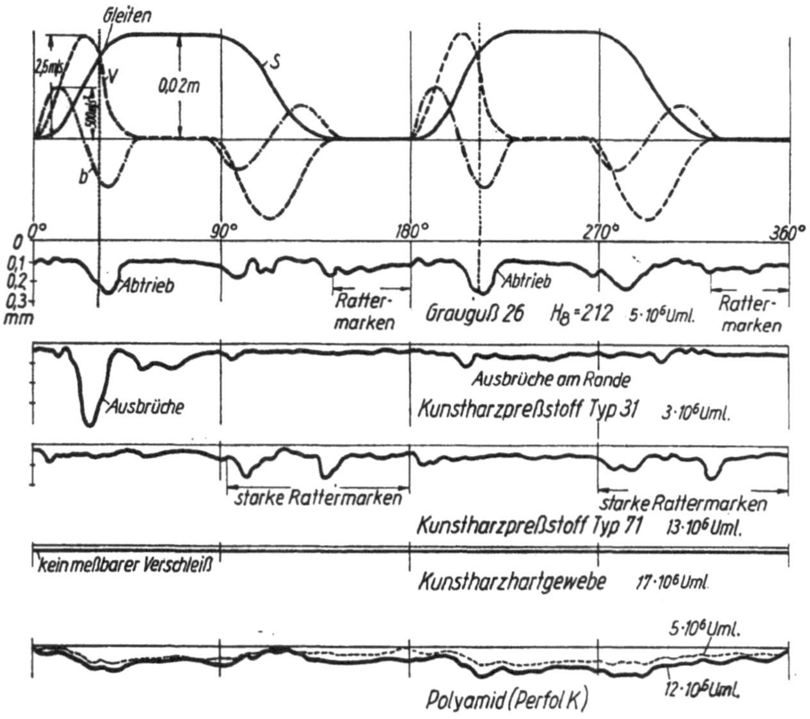

Abb. 11. Verhalten von Kurvenwerkstoffen

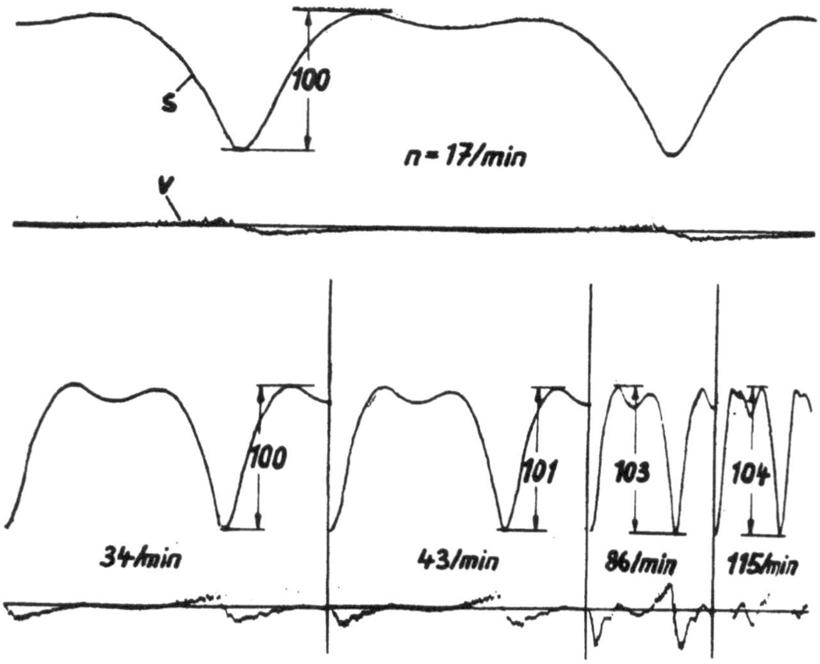

Abb. 12. Betriebsverhalten eines Gelenkgetriebes

Diskussion:

Die Diskussion, an der sich außer dem Referenten die Herren BERTHOLD, BOIE, CHRISTIAN, EISENKOLB, FALTIN, GLÄSER, JANTE, LICHTENHELDT, PAUER beteiligten, ergab, daß die im Referat behandelten Fragen mehr als bisher an die Hochschulen herangetragen werden müssen. Deshalb wurde die Unterrichtung über die Probleme des für die weitere Entwicklung der Mechanisierung und Automatisierung wichtigen Gebietes besonders begrüßt. Herr LICHTENHELDT als Vertreter der Getriebewissenschaft bestätigte die Auffassung des Referenten, daß der Verarbeitungsmaschinenbau trotz seiner weitgehenden Spezialisierung einer allgemeinen Behandlung in Forschung und Lehre zugänglich gemacht werden muß; die Getriebelehre sei dafür eine wesentliche Grundlage. Der Vorschlag, eine selbständige Fachrichtung Verarbeitungsmaschinen aufzuziehen, wird allgemein befürwortet, wobei Herr BOIE besonders auf die Bedeutung für den Export hinweist. Herr JANTE empfiehlt, einen Studienplan Verarbeitungsmaschinen auszuarbeiten und einen entsprechenden Antrag über die Fakultät für Maschinenwesen an das Staatssekretariat für Hochschulwesen zu richten. Das unbedingt erforderliche Forschungsinstitut sollte vom zuständigen Ministerium errichtet werden. Herr TRÄNKNER teilt dazu mit, daß an der Technischen Hochschule Darmstadt auf Betreiben und mit Mitteln der westdeutschen Industrie bereits ein entsprechendes Institut für Druckmaschinen aufgebaut wurde, dem weitere für andere Fachgebiete der Verarbeitungsmaschinentechnik folgen sollen.

FSC
www.fsc.org
MIX
Papier | Fördert gute Waldnutzung
FSC® C083411

Kolibri 360 GmbH
Ferdinand-Jühlke-Straße 7
99095 Erfurt, Deutschland
produktsicherheit@kolibri360.de